DU
SYSTÈME OPTIQUE DE L'ŒIL

MESURE DES AMÉTROPIES

ET DE

L'ACUITÉ VISUELLE

A L'AIDE DE

L'OPTOMÈTRE PORTATIF

DE

G.-E. MERGIER

PRÉPARATEUR DE PHYSIQUE A LA FACULTÉ DE MÉDECINE
LAURÉAT DE LA FACULTÉ

PARIS

<table>
<tr><td>ALEXANDRE COCCOZ</td><td>F. BENOIST, L. BERTHIOT & Cie</td></tr>
<tr><td>LIBRAIRE-ÉDITEUR</td><td>OPTICIENS-CONSTRUCTEURS</td></tr>
<tr><td>11, Rue de l'Ancienne-Comédie</td><td>207, Rue Saint-Martin</td></tr>
</table>

1892

DU
SYSTÈME OPTIQUE DE L'ŒIL

MESURE DES AMÉTROPIES

ET DE

L'ACUITÉ VISUELLE

A L'AIDE DE

L'OPTOMÈTRE PORTATIF

DE

G.-E. MERGIER

PRÉPARATEUR DE PHYSIQUE A LA FACULTÉ DE MÉDECINE
LAURÉAT DE LA FACULTÉ

PARIS

ALEXANDRE COCCOZ
LIBRAIRE-ÉDITEUR
11, Rue de l'Ancienne-Comédie

F. BENOIST, L. BERTHIOT & Cie
OPTICIENS-CONSTRUCTEURS
207, Rue Saint-Martin

1892

MESURE DES AMÉTROPIES

ET DE

L'ACUITÉ VISUELLE

I

ÉTUDE DU SYSTÈME OPTIQUE DE L'ŒIL ET DE SES DÉFAUTS

L'œil considéré au point de vue optique peut être comparé à un appareil de photographie : une chambre noire munie d'un objectif et d'une plaque sensible. Nous trouvons, en effet, dans l'œil, des surfaces dioptriques et des milieux réfringents (cornée, surfaces antérieure et postérieure du cristal-

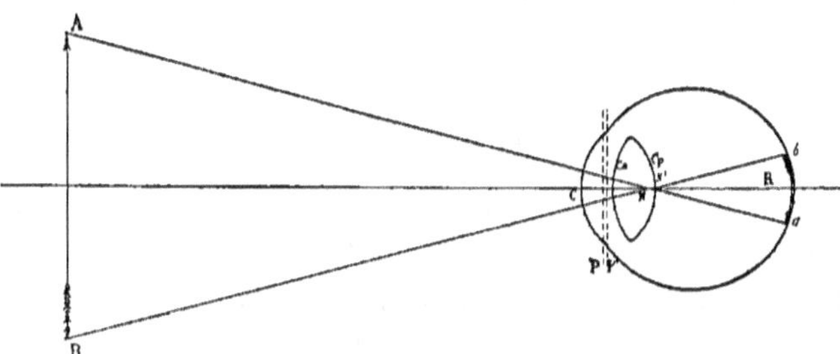

Fig. 1. — Formation des images dans l'œil.

lin, humeur aqueuse, substance cristallinienne, humeur vitrée), dont l'ensemble constitue le système optique de l'organe, et un écran de sensibilité spéciale, la rétine. Et, de même que la perfection des photographies obtenues dépend de la qualité de l'objectif et de celle de la plaque sensible, de même, dans l'œil, l'état du système optique et celui de la rétine jouent un rôle prépondérant dans la qualité de la perception visuelle.

Il importe donc de savoir analyser le système optique de l'œil et de reconnaître ses défauts ou ses qualités, dans le but de corriger les uns et de conserver les autres. Il importe aussi de pouvoir reconnaître si, en dehors de toute lésion organique visible à l'ophthalmoscope, la rétine ou le nerf optique, y compris le centre auquel celui-ci aboutit, sont le siège d'une altération quelconque. Le degré de perceptibilité de la rétine a pu être exprimé numériquement, et a reçu le nom d'*acuité visuelle*.

L'instrument qui fait l'objet de cette étude et dont nous verrons plus loin le fonctionnement, est destiné à mesurer l'acuité visuelle et à établir en quelques instants les constantes du système optique de l'œil, c'est-à-dire à reconnaître l'état d'emmétropie, de myopie, d'hypermétropie et d'astigmatisme de l'œil, et à déterminer le degré de ces différentes amétropies.

Avant d'aborder la description de cet instrument et d'indiquer la manière de s'en servir, nous passerons rapidement en revue l'étude de l'œil considéré au point de vue optique, et nous rappellerons brièvement les principales données qu'il est indispensable de connaître pour comprendre et réaliser convenablement la correction des anomalies de la vision.

Accommodation.

La comparaison que nous venons d'établir entre l'œil et un appareil de photographie permet de se rendre compte assez exactement du rôle des différentes parties qui constituent l'organe de la vision. Nous devons signaler toutefois dès maintenant une différence importante : tandis que dans l'appareil photographique, la *mise au point* s'obtient par déplacement de la plaque sensible, dans l'œil, la rétine restant fixe, cette mise au point s'effectue par le changement de puissance du système optique.

Le cristallin, en effet, jouit de la propriété de pouvoir augmenter la courbure de sa surface antérieure et par suite sa puissance. Cette mise au point, qui constitue une des fonctions les plus importantes de l'organe de la vision, a reçu le nom d'*accommodation*.

L'objet qui est au point sur la rétine, c'est-à-dire qui donne une image nette, lorsque l'œil est *sans accommodation*, marque la distance de ce que l'on a appelé le *punctum remotum*, tandis que l'objet plus rapproché qui est au point sur la rétine lorsque l'œil est au *maximum d'accommodation*, indique la position du *punctum proximum*. Il en résulte que le *punctum remotum* est le point le plus éloigné que l'œil puisse voir nettement sans accommodation, tandis que le *punctum proximum* est le point le plus rapproché que l'œil voit lorsqu'il est à son maximum d'accommodation. Entre ces deux points, l'œil peut voir nettement à toutes les distances, et l'espace ainsi limité constitue la zone de la vision nette.

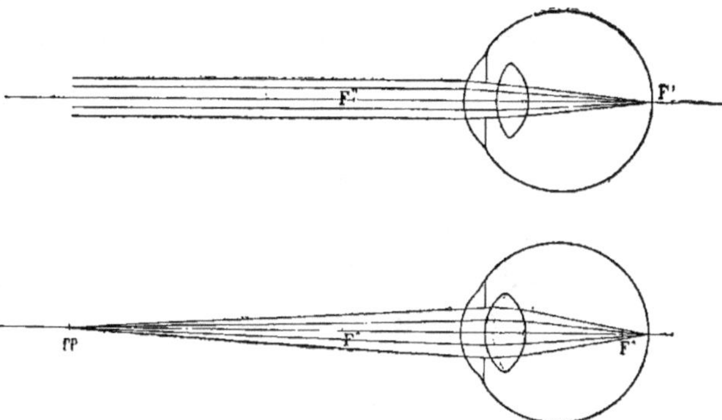

Fig. 2. — Mécanisme de l'accommodation.

La connaissance des positions du *punctum remotum* et du *punctum proximum* est d'une importance capitale, et elle renseigne complètement sur l'état du système optique de l'œil.

En dehors de la *netteté*, qui joue un rôle non moins important pour l'œil que pour l'appareil photographique, il est encore un élément à considérer : c'est la *grandeur* de l'image. De même que dans l'appareil photographique l'image sur la plaque sensible est d'autant plus grande que l'objet est plus rapproché, de même, dans l'œil, l'image rétinienne grandit au fur et à mesure que l'objet se rapproche, pour atteindre son maximum lorsque l'objet est au *punctum proximum*. Or, à la grandeur de l'image rétinienne est liée une qualité essentielle de la perception, celle de la notion des détails. Plus cette image est grande, plus l'œil perçoit de détails. Le *punctum proximum* marque donc une position

Fig. 3. — Influence de l'accommodation sur la grandeur de l'image rétinienne.

importante pour l'œil. C'est au *punctum proximum* que nous plaçons le livre que nous lisons ; c'est encore à son *punctum proximum* que le graveur sur bois ou sur métal place la planche que décore son burin.

Presbytie.

Mais le *punctum proximum* n'est pas stable. La puissance d'accommodation s'affaiblit avec l'âge, et celui-ci s'éloigne de plus en plus jusqu'à se confondre avec le *punctum remotum*. Toutefois, longtemps avant d'atteindre cette limite, son éloignement est devenu gênant pour l'individu. C'est à bout de bras qu'il faut maintenant tenir le livre ou le journal que nous lisons ; c'est à 20 ou 30 centimètres que le graveur doit placer sa planche pour voir nettement l'image qu'il reproduit. Mais, à cette distance, si l'image rétinienne est nette, elle ne donne plus les détails qui, auparavant, étaient visibles à une distance plus rapprochée.

Le fait de l'éloignement du *punctum proximum* jusqu'à une distance gênante pour le sujet, constitue ce que l'on appelle la *presbytie*.

On voit par ce qui précède que le moment où un œil est presbyte, n'a rien de défini. Cela dépend des conditions de métier, d'occupation, d'étude, etc.

Pour corriger ce défaut, il faudra donc s'informer du genre de travail ou d'occupations du sujet et chercher à lui montrer nettement les objets à la distance où il les voyait lorsque sa vue était encore bonne. Il faudra aussi tenir compte des défauts du système optique de l'œil que nous allons étudier.

Nous donnerons plus loin les indications nécessaires pour réaliser pratiquement la mesure de ce défaut et sa correction.

Emmétropie.

L'œil optiquement bien conformé est dit *emmétrope*. Il est défini par ce fait que son *punctum remotum* est à l'infini, c'est-à-dire que l'image d'un objet situé à une grande distance est nette sur la rétine, l'accommodation étant nulle. En d'autres termes, on peut dire que la puissance du système optique de l'œil *emmétrope*, par rapport à la longueur de son axe antéro-postérieur, est telle que son foyer postérieur est sur la rétine.

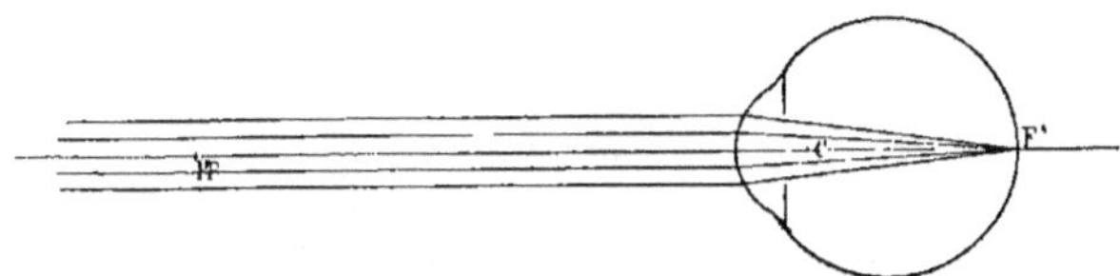

Fig. 4. — Œil emmétrope.

L'œil emmétrope n'a jamais besoin de verre pour voir de loin. Pour voir de près, il s'accommode et parvient ainsi à voir nettement jusqu'à une distance d'autant plus rapprochée qu'il possède une plus grande puissance d'accommodation. Le *punctum proximum*, varie avec l'âge et s'éloigne progressivement; à 35 ans, chez un emmétrope, il est à une distance d'environ 20 centimètres. La connaissance de cette distance donne l'*amplitude d'accommodation;* elle est représentée par une lentille ayant 0^{m}20 centimètres de distance focale, c'est-à-dire $\frac{1}{0,20} = 5$ dioptries de puissance.

On pourrait s'en rendre compte en paralysant l'accommodation par des instillations d'un mydriatique; on trouverait que cet œil qui ne voit plus que les objets éloignés, voit nettement à 0^{m}20 cent. dès qu'on lui donne un verre de 5 dioptries.

Cette expérience montrerait qu'on peut suppléer à l'accommodation à l'aide de verres convergents.

C'est à ces verres que nous aurons recours lorsque l'âge ayant affaibli l'accommodation, l'œil ne pourra plus voir de près, c'est-à-dire lorsqu'il sera devenu presbyte.

Toutefois, il ne faudra pas donner à cet œil un verre qui lui ramène son *punctum proximum* à 0,20 centimètres. Nous avons dit qu'il n'y avait lieu de considérer la presbytie que lorsqu'elle devenait gênante pour l'individu dans son travail habituel. Pour le plus grand nombre, l'éloignement du *punctum proximum* devient gênant dès qu'il dépasse 25 à 30 centimètres, autrement dit dès que l'*amplitude d'accommodation* est inférieure à 3,50 dioptries.

Sachant que l'œil est emmétrope et s'en étant assuré par une mesure, on cherchera sa puissance d'accommodation, et si elle est inférieure à 3,50 dioptries on y suppléera à l'aide d'un verre convergent.

Myopie.

Un œil est *myope* ou *brachymétrope* lorsque la puissance de son système optique est trop grande par rapport à la longueur de son axe antéro-postérieur.

D'après cette définition, on voit que ce défaut peut provenir soit d'un excès de longueur de l'axe antéro-postérieur, alors que la puissance du système optique est celle de la moyenne des yeux emmétropes, et alors la *myopie* est dite *axile;* soit d'un excès de puissance du système optique, l'axe antéro-postérieur de l'œil ayant une longueur moyenne et, dans ce cas, la *myopie* est dite de *courbure;* ou, au contraire, tenir à la fois de ces deux causes et l'on a comme troisième variété la *myopie mixte.* Quoi qu'il en soit, le foyer postérieur F de l'œil myope (fig. 5) est en avant de la rétine, de telle sorte que les images des objets éloignés ne sont pas au point sur celle-ci. Pour obtenir cette netteté, il faut rapprocher ces objets jusqu'à une distance finie qui marque la position du *punctum remotum.*

Dans l'œil myope, le *punctum remotum* est situé à une distance finie positive, c'est-à-dire du côté d'où vient la lumière. Il faut savoir que l'inverse (1) de cette distance indique le degré de myopie en dioptries.

C'est ainsi qu'un œil dont le *punctum remotum* est à 0,25 centimètres, a une myopie de $\frac{1}{0,25}$ = 4 dioptries. Cet œil a un système optique qui est trop puissant de 4 dioptries par rapport à la longueur de son axe antéro-postérieur. La correction sera donc obtenue par un verre *divergent* de 4 dioptries, qui diminuera de cette valeur la puissance de cet œil.

Il faut remarquer toutefois que, pour que l'œil fût ainsi absolument corrigé, le verre devrait être placé au point nodal ou tout au moins au contact de la cornée. Si nous le supposons placé à 4 cent. 1/2 ou 5 centimètres, il ne restera plus

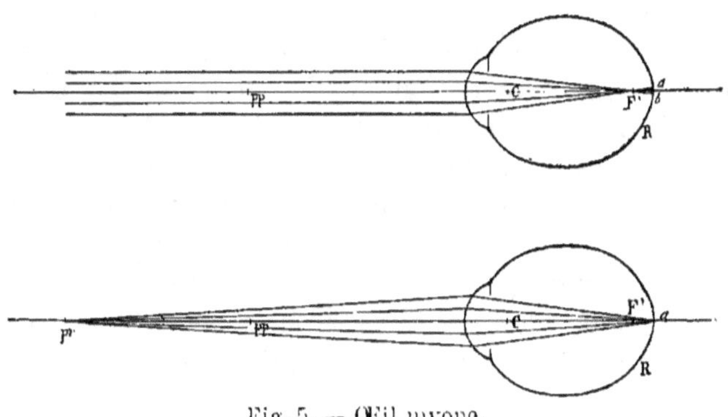

Fig. 5. — Œil myope.

entre le verre et le *punctum remotum* que 20 centimètres, distance qui correspond à un verre de 5 dioptries. Une myopie de 4 dioptries serait donc corrigée par un verre de 5 dioptries placé à 5 centimètres de l'œil.

La distance à laquelle on place d'ordinaire les verres correcteurs varie entre 10 et 15 millimètres. L'influence de cette distance est sans importance pour les cas de myopie faible. On voit toutefois, par l'exemple précédent, quel est l'effet de cette distance, dans quel sens elle agit, et par suite

---

(1) L'inverse d'une quantité a est l'unité divisée par cette quantité $\frac{1}{a}$. L'inverse de 5 est $\frac{1}{5}$ = 0,20 ; l'inverse de 10 = $\frac{1}{10}$ = 0,1 ; l'inverse de 0,5 = $\frac{1}{0,5}$ = 2, etc.

qu'il peut être utile d'en tenir compte dans certains cas de myopie forte.

Dans la pratique, en ce qui concerne la correction, la myopie ne devant jamais être corrigée complètement, l'erreur provenant de cette distance est sans importance. Nous verrons plus loin dans quelles limites cette correction doit être faite, lorsque nous aurons appris à mesurer le degré de myopie.

Mais, avant d'aller plus loin, nous devons nous demander où se trouve le *punctum proximum* dans l'œil myope. L'emmétrope a son *punctum remotum* à l'infini, et son *punctum proximum* à environ 20 centimètres à trente-cinq ans. L'amplitude d'accommodation, à cet âge, est encore en moyenne de 5 dioptries. Or, si nous supposons un œil ayant une myopie de 5 dioptries, cet œil verra à une distance de 20 centimètres, sans accommodation. Et, si cet œil a une amplitude d'accommodation aussi grande que l'œil emmétrope, ce qui est à peu près exact à âge égal, le *punctum proximum* sera situé plus près dans l'œil myope que dans l'œil emmétrope. Cette distance sera représentée par la distance focale d'une lentille qui aurait pour puissance le nombre de dioptries donnant le degré de myopie augmenté des 5 dioptries d'amplitude d'accommodation supposées : $5 + 5 = 10$ dioptries dans l'exemple choisi.

A vrai dire, l'œil myope de 5 dioptries a rarement l'occasion de se servir de son accommodation, sauf dans les cas où il examine un objet au point de vue des détails qu'il présente. Aussi l'influence de l'âge en ce qui concerne son *punctum proximum* ne se fera-t-elle pour ainsi dire pas sentir, ce point ne pouvant s'éloigner au delà du *punctum remotum*, c'est-à-dire au delà de 20 centimètres.

Il n'en sera plus de même si la myopie est légère, de 2 dioptries, par exemple. Dans ce cas, le *punctum remotum* sera à 50 centimètres et le *punctum proximum* à 14 centimètres. Lorsque le *punctum remotum* aura subi un recul de 20 ou 25 centimètres, le sujet sera gêné par cet éloignement; il sera alors presbyte et myope en même temps. L'association possible de ces deux défauts est importante à connaître au point de vue de la correction, car le sujet considéré devra être muni de deux sortes de verres : des verres divergents pour la vision des objets éloignés, et des verres convergents pour voir de près.

Hypermétropie.

L'hypermétropie constitue le défaut inverse de la myopie. L'œil hypermétrope est un œil dont la puissance du système optique est trop faible par rapport à la longueur de son axe antéro-postérieur. Et selon que le défaut d'harmonie entre ces deux données sera dû à un manque de longueur de l'axe, à un manque de puissance ou aux deux causes à la fois, nous aurons une *hypermétropie axile*, une *hypermétropie de courbure* ou *hypermétropie mixte*. Quelle que soit la variété d'hypermétropie, le foyer postérieur de l'œil est au delà de la rétine, de telle sorte que l'hypermétrope ne peut, sans accommodation, voir les objets éloignés. Déjà des rayons parallèles vont former leur foyer au delà de la rétine (I, fig. 6). Seuls des rayons incidents convergents ayant un degré de convergence voulu iront se rencontrer sur la rétine. La convergence nécessaire est déterminée par la distance à laquelle ces rayons incidents supposés prolongés vont couper l'axe principal (II, fig. 6) ; le point de convergence *pr* indique la position du *punctum remotum*. Ce fait nous montre que dans l'œil hypermétrope le *punctum remotum* est à une distance finie négative, c'est-à-dire du côté opposé à celui d'où vient la lumière, en un mot, en arrière de l'œil.

C'est par défaut de puissance que l'hypermétrope ne voit pas nettement à l'infini. Nous savons toutefois que par l'accommodation l'œil augmente la puissance de son système optique ; l'œil hypermétrope verra donc à l'infini en s'accommodant.

De ce fait, résultent plusieurs inconvénients : d'abord, tandis que pour l'emmétrope la vision des objets éloignés est une occasion de repos, l'hypermétrope se fatigue par un effort continuel d'accommodation. De plus, la dépense d'une partie de l'accommodation pour voir à l'infini aura son retentissement sur la vision de près. Celle-ci, en effet, s'effectue chez l'hypermétrope avec un effort d'accommodation plus grand à distance égale que chez l'emmétrope. Aussi le moindre travail, lecture ou écriture, aboutit bientôt à un surmenage qui se traduit par de la fatigue, des maux de têtes, etc.

Les personnes atteintes d'hypermétropie relativement faible, voyant très nettement les objets éloignés, l'accommodation étant un acte inconscient et involontaire, se croient une vue excellente et ne savent à quoi attribuer la fatigue ou les troubles cérébraux que fait naître l'écriture ou la lecture au bout de quelques instants. Seule la correction de l'hypermétropie par des verres convenablement choisis fera disparaître ces légers mais insupportables accidents et les convaincra de la présence d'un défaut dans leur vue que jusque-là ils avaient jugée bonne.

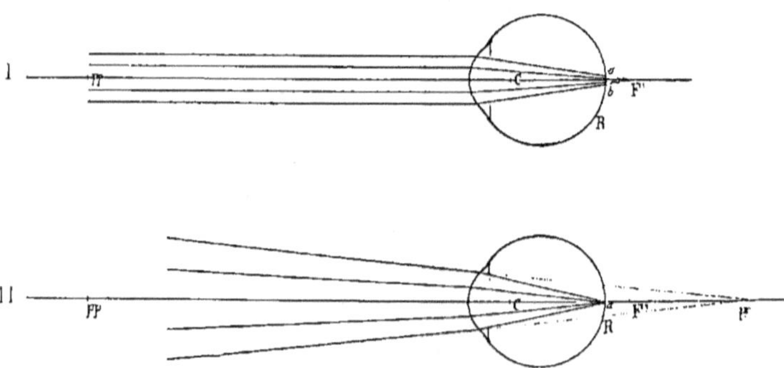

Fig. 6. — Œil hypermétrope.

La correction de l'hypermétropie est obtenue par des verres sphériques convergents qui seuls peuvent fournir à l'œil la puissance qui lui fait défaut. Théoriquement, un degré donné d'hypermétropie est corrigé par un verre dont la distance focale est égale à la distance du *punctum remotum*. C'est ainsi qu'une hypermétropie de 4 dioptries (*punctum remotum* situé à 25 centimètres) serait corrigée par un verre dont la puissance est de 4 dioptries, autrement dit, dont la distance focale égale 25 centimètres. Mais cela ne saurait être vrai (de même que pour la myopie) qu'en tant que le verre pourrait être placé au point nodal de l'œil. Comme il est toujours au moins à 12 millimètres en avant, il se trouve, par ce fait, plus éloigné d'autant du *punctum remotum*, et son foyer ne coïncide plus avec celui-ci. Il sera donc nécessaire de prendre un verre moins puissant que ne l'indique la théorie. Il n'y a d'ailleurs aucun inconvénient à cela pour ce qui regarde la pratique, car l'hypermétropie ne devra jamais être corrigée totalement, contrairement à ce qu'on pourrait penser. L'hypermétrope, en effet, est habitué à accommoder fortement ; l'amplitude d'accommodation s'est fortement développée par suite de l'exercice, et il semble que cette accommodation soit un besoin pour le sujet. Aussi vient-on à lui corriger complètement son hypermétropie, il ne se montre nullement satisfait. Les verres qu'on lui donne le fatiguent et on est obligé de prendre des verres plus faibles.

Que devient le *punctum proximum* chez l'hypermétrope? À amplitude d'accommodation égale, celui-ci se trouvera plus éloigné dans l'œil hypermétrope que dans l'œil emmétrope. Supposons une hypermétropie de 2 dioptries ; le *punctum remotum* est à $\frac{1}{2} = 0^m 50$ centimètres en arrière de l'œil. Cet œil, pour voir à l'infini, c'est-à-dire pour amener le foyer des rayons parallèles sur sa rétine, est obligé de dépenser déjà 2 dioptries ; s'il dispose en tout de 5 dioptries, il ne lui en reste plus que 3 de disponibles, ce qui correspond à une distance égale à $\frac{1}{3} = 0^m 33$ centimètres. Aussi cet œil sera-t-il presbyte de bonne heure.

Il peut même arriver que l'hypermétropie soit telle que toute l'accommodation soit dépensée pour la vue des objets éloignés, et alors la perception nette des objets rapprochés n'est plus possible, l'œil est presbyte dès l'enfance. Il faudra donner à cet hypermétrope deux paires de verres : une paire plus faible que le degré d'hypermétropie pour voir au loin, et une paire de verres plus forts pour la vision de près. Ces derniers devront être augmentés au fur et à mesure que le sujet avancera en âge, car alors il sera nécessaire de tenir compte des deux causes d'éloignement du *punctum proximum* : l'hypermétropie et l'âge.

C'est ainsi que, tandis que pour un emmétrope de cinquante ans qui n'a plus que 2,50 dioptries d'accommodation, il suffit de donner des verres de 1 dioptrie pour voir de près, un hypermétrope de 2 dioptries exigera un verre de 1 + 2 = 3 dioptries.

En résumé : 1° Dans les cas d'hypermétropie, donner toujours des verres plus faibles que celui indiqué par la mesure du degré d'amétropie ;

2° S'inquiéter toujours du *punctum proximum*, sauf dans les cas faibles (1 ou 2 dioptries) et chez les jeunes sujets ;

3° Donner des verres plus forts pour la vue de près que pour la vue éloignée, et ne pas oublier que ces verres devront être augmentés lorsque le sujet avancera en âge.

Astigmatisme.

Dans l'étude qui précède, nous avons supposé que l'œil avait la même puissance dans tous ses méridiens, c'est-à-dire que l'œil emmétrope était emmétrope quel que fût le méridien considéré, que l'œil myope et l'œil hypermétrope avaient dans tous les méridiens le même degré de myopie et le même degré d'hypermétropie. Mais il peut arriver que par suite d'une déformation de la cornée ou des surfaces du cristallin, l'œil soit emmétrope dans un seul méridien et myope ou hypermétrope dans les autres, ou qu'il n'ait pas dans tous le même degré de myopie ou d'hypermétropie. Dans ce cas, la marche des rayons dans l'œil est altérée, les images sont déformées et l'œil est dit astigmate.

Si l'on considère successivement les différents méridiens d'un œil astigmate, on trouve deux méridiens dont l'un offre un maximum et l'autre un minimum de puissance ; ces deux méridiens sont perpendiculaires l'un à l'autre, et vu leur importance et les propriétés dont ils jouissent, ils sont appelés *méridiens principaux*.

Un œil astigmate possède deux plans focaux correspondant aux deux méridiens principaux et selon les positions que ces plans focaux occupent par rapport à la rétine, on a telle ou telle variété d'astigmatisme :

1° L'un des méridiens étant emmétrope, l'autre est ou myope ou hypermétrope ; l'*astigmatisme* est dit *myopique* ou *hypermétropique simple* ; — 2° les deux méridiens sont myopes, ou tous les deux hypermétropes ; on a l'astigmatisme *myopique* ou *hypermétropique composé;* — 3° enfin, l'un des méridiens est myope et l'autre hypermétrope; c'est l'*astigmatisme mixte.*

Quelle que soit la variété d'astigmatisme, celui-ci est caractérisé :

1° Par la différence de puissance (exprimée en dioptries) des deux méridiens principaux ; — 2° par l'orientation de ces derniers.

Les images rétiniennes d'un œil astigmate sont des images déformées. Un point a pour image deux petites lignes droites et celles-ci sont parallèles aux deux *méridiens principaux* et situées à des distances en rapport avec les puissances de ces méridiens, de telle sorte qu'elles ne peuvent se former toutes les deux simultanément sur la rétine.

Si l'œil regarde des droites qui se coupent, une seule paraît nette. Celle-ci indique la direction de l'un des méridiens principaux. Si l'œil peut, par l'accommodation, amener sur la rétine l'image de la droite correspondant à l'autre méridien, c'est la droite perpendiculaire à la première qui est nette. La position de la droite vue nettement indique la direction des méridiens principaux et, par suite, la direction de l'axe du verre correcteur.

Pour se rendre compte de la déformation qu'affectent les images rétiniennes dans l'astigmatisme, il suffit de regarder d'abord un point, puis une série de droites qui se coupent, à travers un verre cylindrique convergent ou divergent.

Mais si un verre cylindrique peut rendre astigmate artifi-

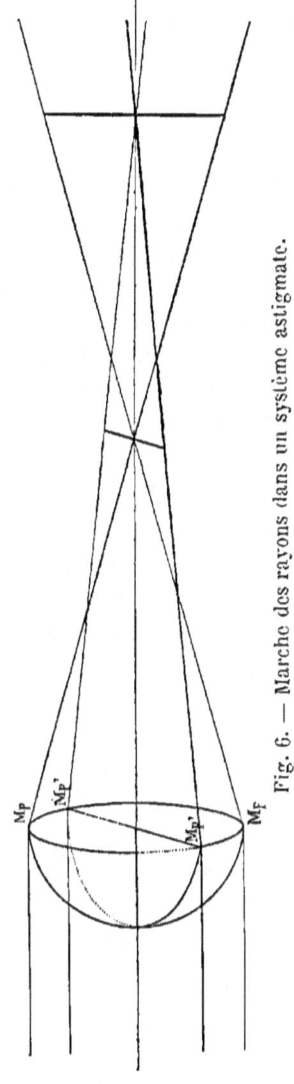
Fig. 6. — Marche des rayons dans un système astigmate.

ciellement un œil emmétrope, un verre cylindrique convenablement choisi et orienté pourra toujours corriger l'astigmatisme :

1° Dans le cas d'astigmatisme myopique ou hypermétropique simple, un verre cylindrique divergent ou convergent, selon le cas, assure la correction. L'axe de la lentille est dirigé parallèlement au méridien emmétrope ;

2° Pour l'astigmatisme myopique ou hypermétropique composé, on fait usage d'une lentille sphéro-cylindrique, c'est-à-dire ayant une surface sphérique et l'autre cylindrique. La surface sphérique ramène l'un des plans focaux sur la rétine, et l'on se trouve alors dans le cas d'un astigmatisme myopique ou hypermétropique simple que la surface cylindrique convenablement orientée corrige ;

3° L'astigmatisme mixte est corrigé soit par une lentille sphéro-cylindrique, soit par une lentille bicylindrique à axes croisés.

Notation de l'Astigmatisme. — Pour indiquer le résultat fourni par l'examen d'un œil astigmate, on commence d'abord par désigner l'œil dont il s'agit par l'abréviation O D et O G ; puis on marque l'inclinaison du verre cylindrique par l'angle que l'axe de ce verre forme avec l'horizontale et au-dessus de celle-ci du côté nasal ou du côté temporal ; cet angle est défini par le chiffre qui en exprime la valeur en degrés, suivi de l'expression *supéro-interne* ou *supéro-externe*. La puissance du verre est exprimée en dioptries et sa nature (convergent ou divergent) par le signe + ou —.

Ex. : O D : C = + 2 d. à 60° supéro-externe.

S'il s'agit d'un verre sphéro-cylindrique, on fait précéder la puissance de la surface cylindrique de la lettre C, et celle de la surface sphérique de la lettre S.

Ex. : O G : C = — 2,50 d. à 30° supéro-interne ; S = + 4 d.

D'autres notations sont en usage, un peu différentes de celle-ci, et peuvent prêter à confusion lorsqu'on n'y est pas familiarisé. Le plus simple, dans ce cas, c'est de rapporter les méridiens au cadran horaire, sur l'orientation duquel tout le monde est d'accord. Nous aurions, dans ce cas, pour le premier des deux exemples :

O D : C = + 2 d. (h.)

II

OPTOMÈTRE

Cet instrument, destiné à permettre la mesure rapide de l'acuité visuelle et des différentes amétropies, est représenté en demi-grandeur par les fig. 8 et 9.

Une lentille convergente L (I, fig. 8), de 20 dioptries de puissance, est placée dans un tube métallique TT' de 11 à 15 centimètres de longueur environ et de 26 à 28 millimètres de diamètre. Ce tube est percé sur les deux tiers postérieurs de sa longueur, c'est-à-dire en arrière de la lentille L, d'une ouverture longitudinale dont l'un des bords est taillé en crémaillère cc' (II). Un pignon C engrenant avec celle-ci permet de déplacer un tube intérieur RR' dans lequel s'ajuste une petite monture portant l'objet à examiner. Celui-ci consiste soit en un simple trait (L, fig. 9), soit un cadran horaire (L') avec un système de traits qui se coupent au centre, soit une échelle de Snellen (L''). Cette échelle comporte deux tableaux dont l'un est formé, comme à l'ordinaire, de caractères d'imprimerie, l'autre d'une combinaison de signes (cercles, croix, carrés, etc.), destinés aux personnes ne sachant pas lire. Ces caractères et ces chiffres sont une reproduction photographique au $\frac{1}{100}$ de la grandeur normale des caractères des échelles optométriques ordinaires, de telle sorte que, vus à travers la lentille L, ils donnent une image rétinienne de même grandeur que les caractères mêmes de ces échelles vus directement à la distance de 5 mètres.

A l'extrémité antérieure de l'instrument se trouve un œilleton o, en arrière duquel est disposé un disque tournant d muni de trois diaphragmes venant se placer successivement par la rotation de celui-ci dans l'axe de l'ouverture o. L'un de ces diaphragmes o' est formé d'une ouverture circulaire de 1 à 5 millimètres de diamètre; un deuxième, de 1 ou 5 trous punctiformes très rapprochés et disposés selon une ligne droite perpendiculaire à la direction du trait L (fig. 9), lorsque celui-ci est placé sur l'instrument dans la position qu'il doit occuper, et enfin un troisième formé de trois ou quatre fentes parallèles entre elles et orientées parallèlement au trait L.

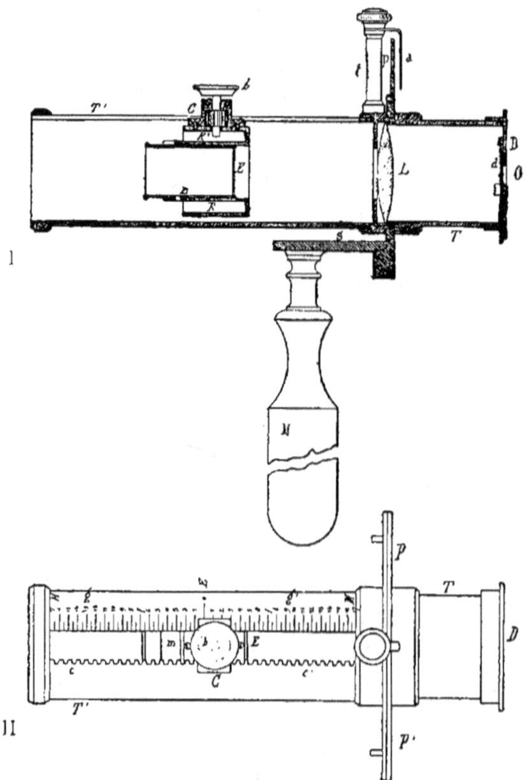

Fig. 8. — Optomètre vu en coupe et en plan.
(1/2 grandeur.)

L'œilleton *o* est situé à une distance de 35 millimètres de la lentille L, de telle sorte que le foyer de celle-ci déborde le diaphragme de 15 millimètres. Il résulte de cette disposition que le centre optique de l'œil qui regarde à travers l'instrument coïncide sensiblement avec le foyer de la lentille, et par suite assure à l'image rétinienne une grandeur invariable quelle que soit la position de l'objet.

Le tube T porte une graduation gg' formée de traits longs espacés de $2^{mm}5$, séparés par des traits plus courts. Les premiers indiquent des dioptries, les seconds des demi-dioptries. Le zéro de l'échelle coïncide avec le trait de repère n de la pièce mobile du pignon c (fig. 8) lorsque l'objet se trouve *exactement* dans le plan focal de la lentille L. Ce réglage est assuré et vérifié par une méthode spéciale dans les détails de laquelle nous ne saurions entrer ici.

Le tube TT' est monté dans une plaque métallique hémi-circulaire et verticale PP', dans laquelle il peut tourner libre-ment autour de son axe, en-traînant dans son mouvement toutes les pièces qu'il porte et que nous venons de décrire (échelle optométrique, cadran horaire ou trait, disque tour-nant, œilleton, etc.), de telle sorte que les trous punctifor-mes du diaphragme et les fentes parallèles conservent toujours la position voulue par rapport à la direction du trait-objet L (fig. 9).

Sur la plaque PP' est repro-duite la moitié supérieure d'un cadran horaire et des rayons de cercle disposés en regard de chaque heure correspon-dent à une graduation en degrés de circonférence allant

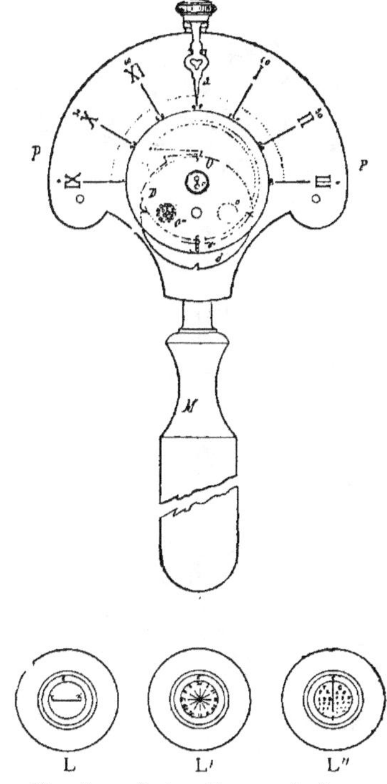

Fig. 9. — Optomètre vu de face.

de zéro à 90° à droite et à gauche à partir de l'horizon.

Une tige verticale t fixée sur le tube TT' (I, fig. 8) est munie d'une petite aiguille a recourbée en avant, indiquant à chaque instant la position des trous ou des fentes du diaphragme et par suite le méridien mesuré.

L'instrument est monté sur pied ou muni d'un manche M qui sert à le saisir et à le maintenir dans la position qu'il doit occuper pendant les mesures. Ce pied ou ce manche prennent point d'appui par l'intermédiaire de la pièce S sur la plaque PP' et à sa partie inférieure, de telle sorte que celle-ci reste fixe, tandis que le tube TT' peut tourner autour de son axe.

La figure 10 donne une vue d'ensemble de l'instrument monté sur pied.

THÉORIE. — La théorie de cet optomètre, en ce qui concerne la mesure des amétropies, repose sur l'expérience de Scheiner.

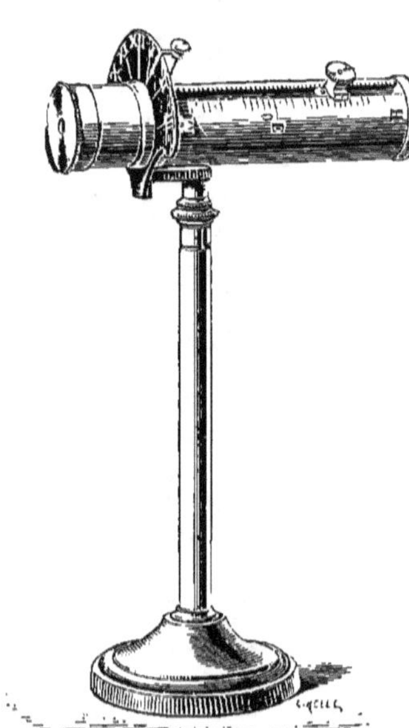

Fig. 10.
Optomètre vu en perspective, monté sur pied.

Soit un œil (fig. 11) devant lequel on place un diaphragme EE' percé de deux petites ouvertures et un point lumineux A. Si l'œil est accommodé pour la distance du point A, il se formera sur la rétine une seule image en *m*. S'il est accommodé pour toute autre distance telle que A', l'image se dédoublera et donnera lieu à deux petites taches lumineuses *a b*.

Par suite, si nous supposons qu'on éloigne de plus en plus le point A, l'accommodation se relâchant au fur et à mesure, l'image rétinienne sera simple, jusqu'à ce que le point A soit au *punctum remotum*. Passé cette limite, l'image se dédoublera. Le phénomène de dédoublement est si net, qu'il ne laisse au sujet aucune hésitation dans les réponses aux questions qu'on lui pose.

Si au lieu d'éloigner le point A, on le rapproche, l'image rétinienne, grâce à l'accommodation, reste simple jusqu'au moment où le point A, parvenu au *punctum proximum*, dépasse ce point.

La méthode de Scheiner fournit donc un moyen d'établir nettement le *punctum proximum* et le *punctum remotum*.

De plus, si on remarque que la mesure ne s'applique qu'au méridien dans lequel se trouvent orientés les deux ouvertures de l'écran, il est possible de mesurer tel ou tel méridien que l'on désire, et par suite de déterminer le degré d'astigmatisme.

Au lieu d'un point, l'objet, dans cet optomètre, consiste en une droite dirigée perpendiculairement au diamètre commun des trous du diaphragme. Cette droite est un simple trait sur surface argentée. Ce trait est extrêmement délié et par suite le dédoublement très précis.

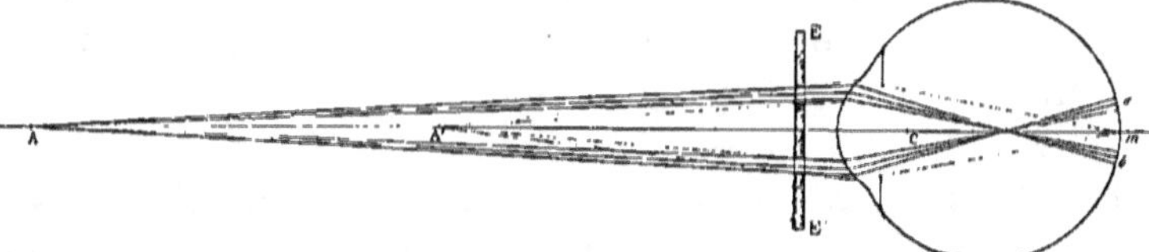

Fig. 11. — Expérience de Scheiner.

De plus, au lieu de deux trous, le diaphragme est percé d'une série de trous punctiformes. Cette multiplicité des ouvertures a pour effet de forcer le sujet à regarder toujours au moins à travers deux trous et non à travers un seul, comme cela a lieu trop souvent quand le diaphragme ne comporte que deux ouvertures.

Malgré la multiplicité de ces trous, un grand nombre de personnes éprouvent encore quelque difficulté à regarder à travers des ouvertures aussi petites; aussi le disque tournant est-il encore muni d'un diaphragme à fentes parallèles. La ligne-objet L doit être parallèle à ces fentes et, par suite, le méridien mesuré est le méridien perpendiculaire à celles-ci.

Examen du système optique d'un œil.

Cet optomètre permet de pratiquer rapidement l'examen du système optique de l'œil et de mesurer en quelques instants le degré d'une amétropie quelconque. Il est nécessaire toutefois de procéder méthodiquement, et de ne pas se départir des indications que nous allons donner à ce sujet.

Il s'agit tout d'abord de savoir si l'œil examiné est ou non astigmate. Pour cela, on amène devant l'œilleton le diaphragme à ouverture circulaire, et on ajuste en E le cadran horaire L'.

Le sujet, placé en face d'une fenêtre bien éclairée, tient l'instrument d'une main et regarde à travers l'œilleton avec l'œil examiné, l'autre étant maintenu fermé à l'aide de la main restée libre. L'opérateur saisit alors le bouton n et ramène l'objet de la partie la plus éloignée vers la lentille, tout en demandant au sujet s'il voit nettement celui-ci.

Si la netteté apparaît en même temps pour toutes les lignes, l'œil n'est pas astigmate. L'astigmatisme existe, au contraire, si une ligne ou deux seulement apparaissent nettes, les autres restant indécises, ou même complétement diffuses. Dans les cas d'astigmatisme léger, les premières paraissent simplement plus noires ou un peu plus fines et déliées que les secondes.

1° L'ŒIL EXAMINÉ N'EST PAS ASTIGMATE. — Supposons d'abord le cas où l'œil examiné n'est pas astigmate. Cet œil voit avec la même netteté toutes les lignes du cadran horaire. L'astigmatisme étant éliminé, l'œil est emmétrope, myope ou hypermétrope.

Le cadran horaire est remplacé par l'objet consistant en une simple ligne droite L (fig. 9), et on place devant l'œilleton le diaphragme percé de petits trous punctiformes disposés linéairement, ou, si l'on préfère, le diaphragme à fentes parallèles. L'œil examiné regarde à travers ces trous et l'opérateur manœuvre l'objet que commande le bouton n. Le sujet voit-il un seul trait? l'image se trouve dans la zone de la vision nette. On éloigne alors de plus en plus l'objet jusqu'à ce que le trait se dédouble en deux, trois ou quatre images.

Pour s'assurer que le sujet ne tient pas l'instrument de travers et regarde bien selon l'axe du tube T. Il est bon de poser la première question lorsque l'objet est à l'extrémité du tube. Pour cette position, le sujet doit toujours voir plusieurs traits (sauf dans les cas rares d'hypermétropie exagérée, dans le cas d'ablation du cristallin, par exemple). On ramène alors l'objet vers l'observateur en lui demandant après chaque déplacement : Combien voyez-vous de traits? S'il en voit plusieurs, on continue à rapprocher l'objet jusqu'à ce que, enfin, il ne voit plus qu'un seul trait.

Il s'agit alors d'éviter l'erreur inhérente à tous les optomètres et due à l'accommodation. Il semble, en effet, que l'œil reste dans le même état d'accommodation que celui où il est au moment de regarder dans l'instrument. Il faut donc lui faire d'abord fixer des objets éloignés et placer ensuite brusquement l'instrument devant lui.

On peut aussi chercher à provoquer le relâchement de l'accommodation par la manœuvre suivante :

Le sujet n'ayant accusé qu'un seul trait, on éloigne l'objet, l'image se dédouble; on ramène l'objet vers l'observateur, l'image devient simple; on l'éloigne de nouveau jusqu'au dédoublement et ainsi de suite à plusieurs reprises. On remarque ainsi que la position, pour laquelle le sujet voit un seul trait, s'éloigne un peu chaque fois, jusqu'à ce que, enfin, elle reste fixe. Cette position obtenue, l'image est bien réellement au *punctum remotum*, et la division en face de laquelle se trouve le trait de repère du porte-objet indique le degré d'amétropie en dioptries. Si cette division est en avant du zéro, l'œil est myope; si elle est en arrière, il s'agit d'un œil hypermétrope; enfin si le trait de repère est au zéro de l'instrument, l'œil est emmétrope.

Correction. — A. *Myopie.* — Pour voir nettement à grande distance, l'œil myope a toujours besoin de verres divergents. Mais il importe de ne pas donner des verres trop forts, sous peine de voir s'accroître la myopie, par suite du jeu exagérée de l'accommodation.

Dans les myopies faibles jusqu'à 2 et 3 dioptries, il faudra donner un verre de 1/4 à 1/2 dioptrie plus faible que le numéro indiqué par l'optomètre; jusqu'à 10 dioptries, il est bon de diminuer de 1 a 2 et 2,50 dioptries, lorsque le sujet doit faire un usage constant de ses verres. Si l'usage de ceux-ci ne devait être que passager, on pourrait prescrire le numéro indiqué, à une demi-dioptrie près, et dans ce cas, on pourrait conseiller l'emploi d'une face à main. Au-dessus de 10 dioptries, le numéro du verre doit être notablement inférieur au degré d'amétropie; c'est ainsi, par exemple, que pour 12 dioptries on prescrirait un n° 9 ou 10; pour 15 dioptries, le n° 10 à 12, etc.

Pour la vision de près, la lecture ou l'écriture, par exemple, il faudra donner des verres encore plus faibles, et cela toujours dans le même but, c'est-à-dire pour ne pas fatiguer l'accommodation. C'est ainsi que pour une myopie de 7 dioptries, tandis que l'on donnera des verres, — 6 pour la vision éloignée, on conseillera — 3 ou — 4 pour voir de près. On peut dire d'une façon générale que pour la vision de près, jusqu'à 3 dioptries de myopie, l'œil n'a pas besoin de verres; jusqu'à 10 dioptries, il faut lui donner un verre à peu près égal à la moitié de sa myopie, et au-dessus de 10 dioptries, un verre plus faible que la moitié du degré de son amétropie.

B. *Hypermétropie*. — Tandis que l'œil myope a besoin de verres pour voir au loin, c'est pour la vision rapprochée que l'hypermétropie a surtout besoin d'être corrigée. Cette correction, avons-nous dit, s'obtient à l'aide de verres convergents. Chez les jeunes sujets, il faudra toujours donner des verres un peu plus faibles que le degré observé. Une demi-dioptrie ou 1 dioptrie au dessous, ou même plus, dès que l'hypermétropie atteint un degré élevé. A un âge plus avancé, de trente à quarante ans, on pourra augmenter le numéro du verre et se rapprocher de la correction complète.

Passé cet âge, il y aura lieu de tenir compte de la presbytie, et outre les verres précédents qui serviront à la vision éloignée, il faudra donner au sujet des verres encore plus puissants pour la vision de près.

2° L'ŒIL EXAMINÉ EST ASTIGMATE. — Lorsque, dans l'examen qui a été fait primitivement à l'aide du cadran horaire L et du diaphragme à ouverture circulaire, l'œil a été reconnu astigmate, on prie le sujet d'indiquer quelle est la ligne qui lui paraît la plus nette. Cette ligne marque la direction du *méridien principal* correspondant, l'autre *méridien principal* étant perpendiculaire au premier.

L'un des méridiens sera, par exemple, sur XI heures.

V heures; l'autre sur II heures, VIII heures. C'est-à-dire que si l'on prend l'horizon comme origine, le premier sera pour l'œil droit, par exemple, à 60° du côté supéro-interne, le second à 30° du côté supéro-externe. Il s'agit donc, pour connaître le degré d'astigmatisme, de mesurer l'état de la réfraction de l'œil dans les deux méridiens indiqués et de prendre la différence des nombres obtenus. Ceux-ci donneront immédiatement les puissances des surfaces cylindrique et sphérique du verre correcteur.

On place d'abord l'aiguille a du cadran PP' sur l'heure, XI heures par exemple, et on amène le diaphragme o'' percé de quatre trous punctiformes ou celui à fentes parallèles sur l'œilleton. Ces ouvertures se trouvent alors orientées convenablement par rapport au méridien à mesurer. On cherchera donc, en procédant comme précédemment, si l'œil est emmétrope, myope ou hypermétrope dans ce méridien. Cette mesure étant effectuée, on amènera l'aiguille a sur II heures, ce qui aura pour effet d'orienter le diaphragme par rapport au second méridien principal, et on procédera à une seconde mesure.

Exemple : La mesure, dans le premier méridien (XI heures), a donné comme résultat : myopie, 1,50 dioptries; dans le second méridien : myopie, 3,50 dioptries. L'œil a un astigmatisme myopique composé, de 2 dioptries. Si l'examen a été fait pour l'œil droit, le verre correcteur se formulera de la façon suivante :

O D. Verre sphéro-cylindrique : C = — 2 d. à 60° supéro-interne ;
S = — 1,50 d.

ou encore :

O D. Verre sphéro-cylidrique : C = — 2 d. (XI h.) ; S = — 1,50 d.

PRESBYTIE. — MESURE DE L'ACCOMMODATION. — Le *punctum proximum*, nous le savons, s'éloigne avec l'âge. Cet éloignement est tellement régulier, ainsi qu'on peut s'en convaincre par les chiffres du tableau ci-dessous, qu'il est possible de donner à un œil des verres convenables à la vue de près, étant donné l'âge du sujet.

A 20 ans, accommodation = 10,00 dioptries.
25 — — 8,50 —
30 — — 7,00 —

A 35 ans, accommodation = 5,50 dioptries.

40	—	—	4,50	—
45	—	—	3,50	—
50	—	—	2,50	—
55	—	—	1,75	—
60	—	—	1,00	—
65	—	—	0,75	—
70	—	—	0,25	—
75	—	—	0,00	—

Chez l'emmétrope, il n'y a lieu de donner des verres pour la vision de près qu'à partir de l'âge de quarante-cinq ans, c'est-à-dire lorsque l'accommodation est tombée au-dessous de 3,50 dioptries, ce qui correspond à un *punctum proximum* situé à 0^{m}28. Il faut alors donner un verre qui ramène toujours le *punctum proximum* à 0^{m}25 ou 0^{m}30. On voit donc que si le sujet a soixante ans, il lui faudra un verre de 2,50 dioptries, puisqu'à cet âge il n'a plus que 1 dioptrie d'accommodation.

Si l'œil est myope ou hypermétrope, il faut tenir compte du degré d'amétropie en même temps que de l'âge. Nous savons, en effet, qu'à accommodation égale ou à âge égal, le myope a son *punctum proximum* plus rapproché, l'œil hypermétrope plus éloigné que l'œil emmétrope. Il faudra donc ajouter le nombre de dioptries d'amétropie à l'amplitude d'accommodation correspondant à l'âge du sujet chez le myope, et le retrancher chez l'hypermétrope, pour obtenir le nombre dont l'inverse indiquera la distance du *punctum remotum*.

Exemple : A soixante ans, un myope de 2 dioptries a son *punctum remotum* à 0^{m}50; ayant encore 1 dioptrie d'accommodation, son *punctum proximum* sera à $\frac{1}{2+3}=\frac{1}{3}=0^m33$. Un verre convergent de 0,50 dioptrie ramènera son *punctum proximum* à 0^{m}28. C'est un œil qui est en même temps myope et presbyte. Il lui faut des verres divergents de — 1,75 ou 2 dioptries pour voir à grande distance, et des verres convergents + 0,50 pour lire.

A quarante ans, un œil hypermétrope de 2 dioptries a son *punctum proximum* à $\frac{1}{3.50-2}=\frac{1}{1.50}=0^m66$. Déjà, à cet âge, il lui faudra un verre convergent de 2 dioptries pour voir de près. Donc le verre de 1,50 dioptries qui corrigeait son hypermétropie n'est déjà plus suffisant pour lire. Il lui faut des verres de même sens, mais de numéros différents, pour voir de loin et pour voir de près.

Si l'on veut aller plus vite, on pourra, à l'aide de l'optomètre et sans passer par tous ces petits calculs, obtenir directement le numéro du verre nécessaire à un presbyte. Ce procédé est plus rapide et plus sûr, car les chiffres du tableau précédent représentent des moyennes, et par suite ne sauraient s'appliquer à tous les cas. La mesure à l'aide de l'optomètre, au contraire, est toujours l'expression exacte de la vérité pour l'œil que l'on examine. Voici comment on procède :

Tandis que pour le *punctum remotum*, l'objet a été éloigné de l'œil jusqu'au dédoublement de l'image du trait exclusivement, pour la détermination du *punctum proximum*, au contraire, on rapproche l'objet le plus possible, en s'imposant toujours pour limite le dédoublement de l'image du trait.

La manœuvre est donc la même que précédemment, mais elle s'effectue en sens inverse. On rapproche l'objet de plus en plus, par petits à-coups successifs, et on demande au sujet combien il voit de traits. On s'arrête lorsque le sujet accuse un dédoublement de l'image. Il est bon, au moment de faire regarder dans l'optomètre, d'attirer l'attention du sujet sur un objet rapproché, l'œilleton de l'instrument par exemple, de manière à mettre l'œil dans l'accommodation complète. L'inverse du nombre en regard duquel est le trait de repère du porte-objet *C* donne la distance du *punctum proximum*. Si ce nombre est plus fort que 3,50, l'œil n'a pas besoin de verres pour voir de près. S'il est plus faible, au contraire, il faut donner un verre convergent égal à la différence observée.

Exemple : L'œil observé est emmétrope ou a une amétropie quelconque. Son *punctum proximum* ayant été mesuré comme il vient d'être dit, le porte-objet est en face la division 2,50. Il faudra à cet œil, pour voir de près, un verre convergent de 1 dioptrie.

Si le porte-objet est en face de la division 3,50 ou au delà, aucun verre n'est nécessaire.

Dans les cas d'hypermétropie, il s'agira de voir si le verre correcteur de cette amétropie pourra servir en même temps à la correction de la presbytie, ou s'il y a lieu au contraire de donner un second verre. Les détails dans lesquels nous sommes entrés précédemment à ce sujet suffisent pour se rendre compte de ce qu'il y a à faire dans les différents cas particuliers qui peuvent se présenter.

Mesure de l'acuité visuelle.

L'acuité visuelle est représentée par le plus petit angle sous lequel l'œil peut encore reconnaître la forme d'objets donnés.

La grandeur de cet angle dépend de trois conditions :

1° De la netteté de l'image rétinienne ;
2° De la grandeur de cette image ;
3° De la plus ou moins grande perceptibilité de la rétine.

1° La netteté de l'image rétinienne est due à la transparence et à l'homogénéité des différents milieux réfringents et des surfaces dioptriques de l'œil, ainsi qu'à la régularité des courbures de celles-ci. Elle dépend aussi des amétropies dont l'œil peut être affecté.

L'examen des milieux de l'œil étant du ressort de l'ophthalmoscope, nous n'avons pas à nous y arrêter ici, mais cet examen devra être fait chaque fois que l'acuité aura été trouvée affaiblie par le procédé que nous allons indiquer. Il faudra également s'assurer dans ce cas qu'il n'existe pas d'astigmatisme irrégulier.

En dehors de ces données, il y a lieu de tenir compte des amétropies qu'on aura déterminées par des mesures préalables et on éliminera leur influence sur la netteté de l'image, soit en plaçant l'objet au *punctum remotum* de l'œil considéré ou en corrigeant celles-ci par un verre approprié.

2° La grandeur de l'image rétinienne dépend de l'état d'amétropie de l'œil. Il faut donc, autant que possible, éliminer l'influence de cette amétropie, ce qui est possible avec l'optomètre, dans le plus grand nombre de cas.

3° Enfin, l'image rétinienne étant nette et de grandeur invariable pour un même objet, la mesure de l'*acuité visuelle* nous renseignera sur l'état de la rétine au point de vue de sa perceptibilité. Celle-ci constitue l'élément le plus important, celui qui intéresse le plus particulièrement le médecin dans un grand nombre d'affections du système nerveux.

Disons toutefois qu'en matière de médecine militaire, dans les conseils de révision, on mesure l'acuité visuelle en fonction de toutes les causes que nous venons d'énumérer et qui influent simultanément sur l'acuité, car ce qu'on demande alors à cette mesure, ce sont des renseignements sur l'état général de l'œil.

La mesure de l'acuité visuelle s'effectue pratiquement à l'aide de caractères d'imprimerie de différentes grandeurs. Il existe des tableaux constitués par des séries de lettres isolées, dont les dimensions vont en augmentant dans des proportions déterminées d'une ligne à l'autre. Ces tableaux constituent des *échelles optométriques*. Les caractères les plus fins de ces échelles, vues à 5 mètres de distance, correspondent à un angle visuel de 5′. Cette valeur a été prise pour unité.

D'une façon générale, l'acuité visuelle d'un œil peut s'exprimer par le rapport de la distance à laquelle sont lus les caractères d'une ligne de l'échelle, à celle à laquelle ils devraient être réellement lus.

$$V = \frac{d}{D}.$$

V exprime l'acuité, d la distance à laquelle est lu le caractère, D la distance à laquelle il devrait être lu.

Pour mesurer l'*acuité visuelle* à l'aide de l'optomètre, on se sert d'une échelle typographique réduite par la photographie au $\frac{1}{100}$ de sa grandeur réelle (L″ fig. 9). Cette échelle, vue à travers la lentille de l'instrument dont la puissance est de 20 dioptries, donne lieu à une image rétinienne de même grandeur que celle fournie par l'échelle elle-même, vue à 5 mètres de distance.

Le foyer antérieur de la lentille coïncidant avec le centre optique de l'œil, la grandeur de cette image est indépendante de l'état d'accommodation de l'œil.

Dans les cas d'amétropie de courbure, cette image est encore de même grandeur que dans l'œil emmétrope. En ce qui concerne les amétropies axiles, l'image rétinienne est plus grande chez le myope, plus petite chez l'hypermétrope.

Il suit de là que les conditions que nous avons énoncées plus haut pour la mesure de l'acuité visuelle se trouvent remplies pour tous les cas, sauf pour ceux d'amétropies axiles. Mais les inconvénients qui peuvent en résulter ne sont pas tellement importants qu'il y ait lieu de compliquer cet instrument si simple, dans le but de les éviter (1).

Nous ferons simplement remarquer que, dans le cas de myopie axile, on commet une erreur par excès; dans le cas d'hypermétropie axile, une erreur par défaut.

Voici maintenant comment on procède :

Connaissant l'état d'emmétropie ou d'amétropie de l'œil considéré et ayant mesuré le degré de celle-ci, on place l'échelle optométrique L″ (fig. 9) sur le porte-objet et on amène l'image dans la position du *punctum remotum*. Cela fait, on demande au sujet s'il peut lire la dernière ligne. Si oui, son acuité est égale à l'*unité*. Mais s'il ne peut lire que la deuxième ligne en remontant, son acuité est réduite à $\frac{2}{3}$, pour la troisième à $\frac{1}{2}$, la quatrième à $\frac{1}{3}$, la cinquième à $\frac{1}{4}$, puis $\frac{1}{5}$, $\frac{1}{7}$ et enfin, si seule la forme de la lettre la plus grande peut être définie, l'acuité n'est plus que de $\frac{1}{10}$.

La manœuvre, comme on voit, est extrêmement simple et, par suite, il n'y a pas lieu d'entrer pour cette mesure dans de plus amples détails.

---

(1) Nous n'avons pas voulu, toutefois, laisser le problème irrésolu, et pour les ophthalmologistes habitués aux difficultés et désireux de se rendre compte des détails les plus petits, nous avons fait établir un modèle dans lequel l'œilleton est mobile. Deux traits de repère indiquent les positions pour lesquelles le foyer de la lentille est en coïncidence soit avec le centre optique de l'œil, soit avec son foyer antérieur. Dans le premier cas, la grandeur de l'image est indépendante de l'état d'accommodation et elle est de même grandeur dans les amétropies de courbure que dans l'œil emmétrope. Dans le second cas, l'image rétinienne est de même grandeur dans les amétropies axiles. L'instrument ainsi construit répond donc à tous les cas.

Pour plus de détails, voir *Annales d'Oculistique*, septembre 1892.

III

NUMÉROTAGE DES VERRES

Pour compléter les renseignements contenus dans cette brochure, nous croyons important de donner quelques détails sur le numérotage des verres.

Actuellement, en effet, on est encore en présence de deux systèmes de numérotage : l'ancien ou *système duodécimal*, et le nouveau ou *système métrique*. Le premier consiste à représenter le verre par sa distance focale exprimée en pouces. Nous n'insisterons pas ici sur les inconvénients très nombreux d'un pareil système qui d'ailleurs tend de plus en plus à disparaître.

Dans le système métrique, on donne la puissance de la lentille exprimée par l'inverse de sa distance focale mesurée en mètres ou fractions de mètre. L'unité de puissance, appelée *dioptrie*, est égale à la puissance d'une lentille qui a pour distance focale 1 mètre. Dans ce système, la puissance d'une lentille a donc pour expression la relation suivante :

$$D = \frac{1}{f}$$

D étant la puissance exprimée en dioptries, f la distance focale en mètres.

Exemple : Une lentille à 0^m50 centimètres de distance focale. $D = \frac{1}{0,50} = 2$. Sa puissance est de $+ 2$ dioptries, si elle est convergente ; $- 2$ dioptries, si elle est divergente.

PASSAGE D'UN SYSTÈME A L'AUTRE. — Ces deux systèmes de numérotage étant encore en vigueur, bien que le système duodécimal ne soit plus guère usité, il est utile de savoir passer rapidement de l'un à l'autre.

La relation entre les deux systèmes est telle que le numéro N_p en pouces, multiplié par le numéro en dioptries N_D, donne toujours le nombre 40.

$$N_p \times N_D = 40.$$

$$\text{d'où}: N_p = \frac{40}{N_D} \text{ et } N_D = \frac{40}{N_p}$$

c'est-à-dire que pour avoir le numéro en *pouces*, il faut diviser le nombre 40 par le numéro en *dioptries*, et réciproquement pour avoir le numéro en *dioptries*, il faut diviser ce même nombre 40 par le numéro en *pouces*. Il suffit donc de connaître le numéro dans l'un des deux systèmes pour avoir le numéro dans l'autre.

Voici d'ailleurs, pour éviter tout calcul, le tableau de concordance entre les numéros en dioptries et les numéros en pouces (1).

NUMÉROS EN DIOPTRIES		NUMÉROS EN POUCES	NUMÉROS EN DIOPTRIES		NUMÉROS EN POUCES
0,25	=	160	4,50	=	9
0,50	=	80	5	=	8
0,75	=	50	6	=	7
1	=	40	7	=	6
1,25	=	30	8	=	5
1,50	=	26	9	=	4 ½
1,75	=	24	10	=	4
2	=	20	11	=	3 ½
2,25	=	18	12	=	3 ¼
2,50	=	16	13	=	3
2,75	=	14	14	=	2 ¾
3	=	13	16	=	2 ½
3,25	=	12	18	=	2 ¼
3,50	=	11	20	=	2
4	=	10			

(1) Ce tableau ne donne pas la concordance mathématique qui existe entre la puissance d'un verre exprimée en dioptries et le numéro de ce même verre en pouces, mais bien la concordance approchée entre les verres fabriqués avec l'ancien outillage et les verres que l'on fabrique aujourd'hui. C'est cette dernière qu'il est utile de connaître en oculistique. L'approximation est d'ailleurs plus que suffisante pour une bonne correction.

5244 — Paris. Imprimerie brevetée MICHELS et Fils, passage du Caire, 8 et 10.

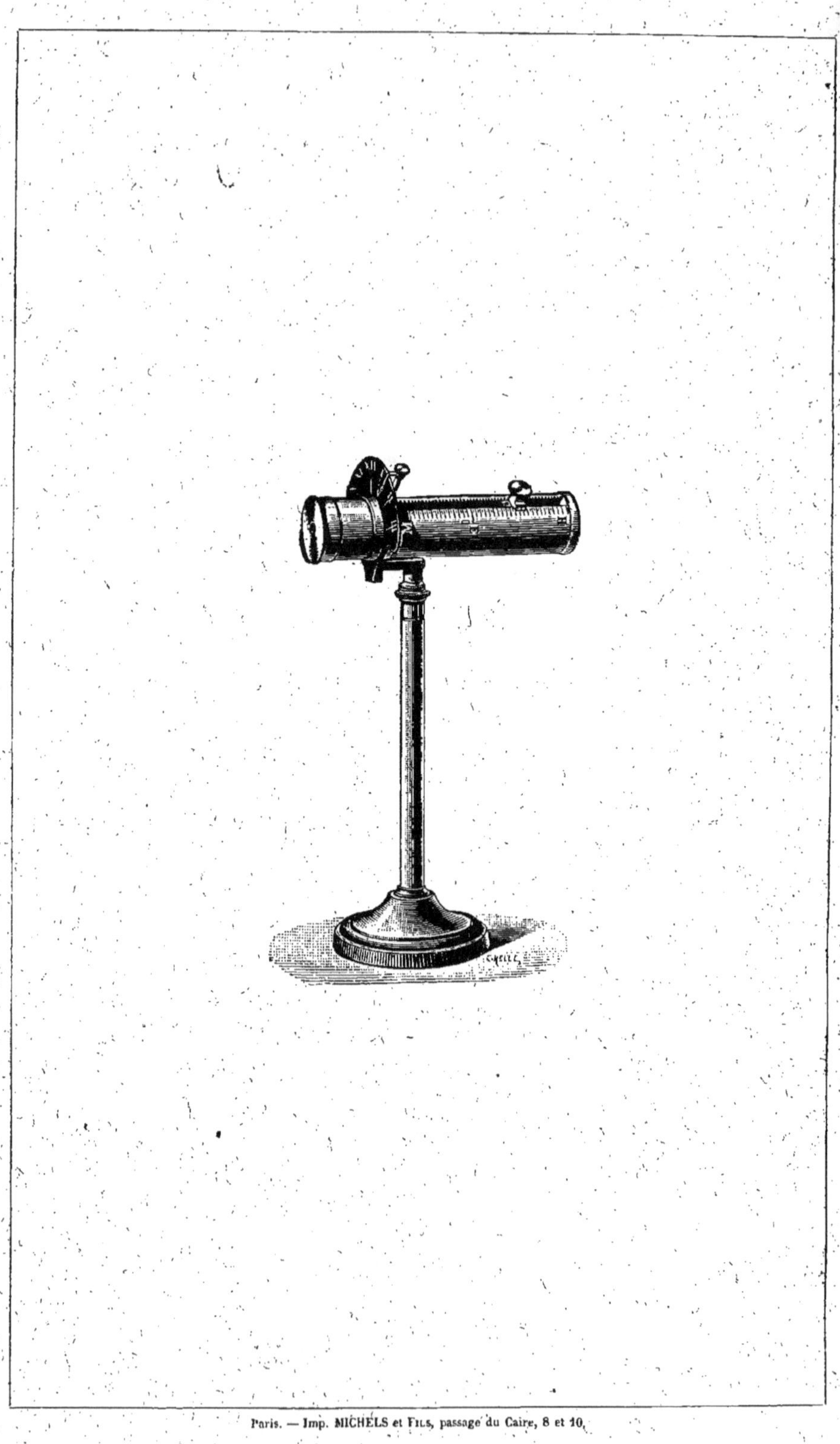

Paris. — Imp. MICHELS et Fils, passage du Caire, 8 et 10.